科学実験対決漫画

実験対決
⑱ 植物の対決

내일은 실험왕 ⑱

Text Copyright © 2011 by Gomdori co.

Illustrations Copyright © 2011 by Hong Jong-Hyun

Japanese translation Copyright © 2015 Asahi Shimbun Publications Inc.

All rights reserved.

Original Korean edition was published by Mirae N Co., Ltd.

Japanese translation rights was arranged with Mirae N Co., Ltd.

through Livretech Co., Ltd.

科学実験対決漫画

実験対決
⑱ 植物の対決

文：ゴムドリco.　絵：洪鐘賢

 目次

第1話　ついに科学キャンプへ！　8
科学ポイント　環境に適応する植物
理科実験室①　家で実験　葉脈のしおり作り

第2話　山でのごちそう　43
科学ポイント　食物連鎖、野菜の分類、毒がある植物
理科実験室②　世界を変えた科学者

　　　　　　ヤン・インゲンホウス

第3話　リレー式実験クイズ対決　80
科学ポイント　植物の構造と機能、
　　　　　　単子葉類と双子葉類の定義と特徴
理科実験室③　生活の中の科学　生活の中にある植物

第4話　黒い影の正体　116

科学ポイント　ブロッケンの妖怪

理科実験室④　理科室で実験　植物の茎の断面を観察

第5話　ミツバチの大襲撃　146

科学ポイント　植物の受粉と受精、植物の繁殖、胞子繁殖、栄養繁殖

理科実験室⑤　実験王豆知識　植物の構造と機能、花の受粉と受精

登場人物

ウジュ

所属：あかつき小学校実験クラブ。
観察内容・無人島に取り残されても、生き残れるほどの生存本能の持ち主。
・四字熟語を使おうとするが、いつもどこか違っている。
・新しいヘアスタイルとともに温厚なウジュになろうとするが、元々が短気な性格なので上手くいかない。
観察結果：自然にも100％適応できると自慢する行動派。考えずに行動するせいで相手チームにも迷惑をかけるが、いつの間にかムードメーカーになっている。

ラニ

所属：あかつき小学校実験クラブ。
観察内容・暇さえあればケンカばかりの実験クラブのメンバーを心配している。
・対決の相手であるミナと同じチームになって戸惑うが、ミナのさっぱりした性格のおかげで親しくなる。
・あかつき小実験クラブのメンバーと離れて、キャンプを楽しむ。
観察結果：大自然の環境にもすぐに適応し、森の植物が成長するのを自分たちのようだと考える。

ウォンソ

所属：あかつき小学校実験クラブ。
観察内容・これまで何でも完璧にこなしてきたが、テントを張るのは苦手なようだ。
・植物に関する豊富な知識で、山で食べられる植物を探す。
・実験クラブのリーダーらしくリレー式実験クイズ対決ではアンカーになるが、彼に求められたのは知識ではなかった⁈
観察結果：生まれて初めて山に来たおぼっちゃま。「冷血漢」と呼ばれるほど冷たくて完璧だったこれまでの姿からは想像できないほど、メンバーを想う温かさを見せる。

ジマン
所属：あかつき小学校実験クラブ。
観察内容・幽霊騒ぎをバカにするが、実は少し怖がっている。
　　　　・リレー式実験クイズ対決で遅れをとり、少し動揺する。
　　　　・メモ魔らしく、難しい問題でもメモした知識を基に少しずつ解いていく。
観察結果：チョロンとの苦い思い出をヒントに問題を解き、ピンチを脱する。

エリック
所属：ワンスター小学校実験クラブ。
観察内容・ずば抜けた科学知識と優れた容姿、その上リーダーシップまで兼ね備えているが、人間味が失われつつある。
　　　　・簡単な内容でも、難しいことのように解説する。
　　　　・キャンプに積極的に参加しているのではなく、いつも1歩離れたところから全体を観察している。
観察結果：幽霊騒ぎでみんなが動揺しても、鋭い推理で黒い影の正体を見抜く。

ホン
所属：太陽小学校実験クラブ。
観察内容・大会本選のために、キャンプで体力を消耗するつもりはない。
　　　　・太陽小のリーダーとしてメンバーをまとめようとするが、お腹の空いたメンバーを統率するには力不足。
　　　　・予想外の出来事にはルールを忘れてしまう、ご都合主義者！
観察結果：他のチームをいつも警戒しようとするが、ウジュとラミンのいたずらの前に努力が無駄になってしまう。

その他の登場人物
❶ ラニと同じテントを使うことになったミナ。
❷ 意外にウジュと気が合うラミン。
❸ 実験クラブのメンバーとキャンプに参加する先生たち。

第1話 ついに科学(かがく)キャンプへ！

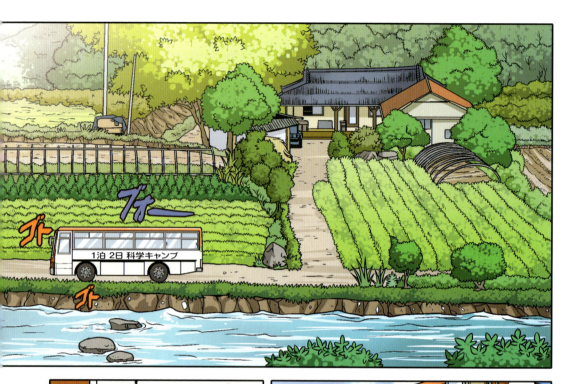

実験対決　理科実験室❶　家で実験

実験1　葉脈のしおり作り

　植物の葉をよく観察すると、葉の隅々まで葉脈が広がっているのが分かります。この葉脈は水分と養分が通る通路で、被子植物には主に2種類の葉脈があります。木蓮やムクゲのような双子葉類の葉脈は網目のような模様、稲や竹のような単子葉類は筋のような模様をしています。このように特徴的な葉脈の模様を生かしたオリジナルのしおりを作ってみましょう。

準備する物　いろいろな植物の葉、水酸化ナトリウム溶液、または洗濯石鹸、水、カセットコンロ、鍋、ピンセット、ビーカー、シャーレ、歯ブラシ、新聞紙、液体漂白剤、インク、スポイト、ラミネートフィルム

❶ 虫食いの跡などのない葉を数種類集めましょう。

「汚れてないものを選ぼう！」

❷ 水と水酸化ナトリウムを9対1の割合で混ぜて水溶液を作ります。（水酸化ナトリウムは危険なので、手袋とマスクをして扱いましょう）　水酸化ナトリウム溶液がない場合は、水に洗濯石鹸を削り入れて溶かします。（洗濯石鹸には水酸化ナトリウムが含まれています）

❸ 水溶液に葉を入れて30分ほど煮ます。

❹ ピンセットで葉を取り出して、歯ブラシで葉を叩いて葉脈以外の部分（葉肉）を完全に取り除きます。

❺ 水でよく洗い流し、新聞紙に挟んで水気を取ります。

❻ 水と液体漂白剤を9対1の割合で混ぜて作った溶液に、葉脈だけになった葉を浸して漂白します。

❼ ビーカーに水とインクを入れて葉脈を色付けし、新聞紙に挟んで乾かします。

❽ 乾いた葉をラミネートフィルムなどでコーティングして、好きな形に切り、しおりとして使いましょう。

実験対決 理科実験室❶ 家で実験

どうしてそうなるの？

植物を構成しているタンパク質成分は、ペプチド結合と水素結合でできています。このタンパク質は、強いアルカリ性と出合うと溶けて結合が崩れる性質があります。そのため、強力なアルカリ性の水酸化ナトリウム水溶液に葉を浸して加熱すると、葉の細胞組織が弱くなって葉肉は溶け、葉脈だけが残るのです。葉脈は葉肉に比べて結合力が強いのですが、水溶液に長く浸けておくと葉脈まで溶けてしまい、実験が失敗してしまうこともあります。

TIP 葉を構成する要素

葉は葉身、葉柄、托葉の3つでできていて、葉身には水と養分が通る葉脈が広がっています。葉身は光エネルギーを受けやすいよう平たい形をしています。葉身と茎をつなぐ葉柄は、光エネルギーをたくさん受けられるように光の方に動くこともあります。葉柄の下に付いている托葉は、主に若い葉を保護しています。

葉脈の種類

葉脈は水と養分を運ぶ通路で、水が通る道管と養分が通る師管があります。葉脈は形によって平行脈と網状脈に分かれます。トウモロコシやエノコログサのように平行脈のものは単子葉類で、バラや鳳仙花のように葉脈が網状脈のものは双子葉類です。

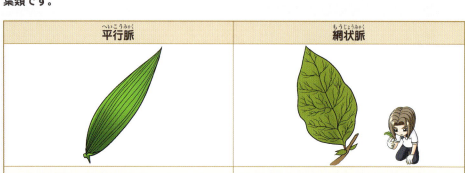

平行脈	網状脈
葉身の端から端まで一直線に平行して並んでいる葉脈で、エノコログサ、竹、ツユクサなど単子葉類に見られる。	主脈（中央脈）を中心にいくつかの側脈が網目状に広がっている葉脈で、レンギョウ、鳳仙花、タンポポなど双子葉類に見られる。

第2話 山でのごちそう

実験対決　理科実験室❷　世界を変えた科学者

ヤン・インゲンホウス

　オランダの医者であり生物学者のヤン・インゲンホウスは、「植物は光を受けると酸素を作る」ということを発見し、光合成の研究の基礎を築きました。
　18世紀以前まで、人々は植物に必要な栄養素は全て土の中にあると信じていました。しかし18世紀になって行われた様々な実験で、植物の成長には土だけでなく水と空気も大きな影響を与えることが分かりました。1771年、イギリスの化学者ジョゼフ・プリーストリーは、密閉したガラス容器の中のロウソクはすぐに消えてしまうことを発見しました。

ヤン・インゲンホウス
(1730〜1799)
植物が酸素を作る時には光が必要だということを発見し、後の光合成の研究に大きく貢献した。

また、その容器にネズミだけを入れたところ、ネズミは窒息して気絶しましたが、植物と一緒に入れたネズミは生き続けました。この結果を見て、植物には有害な空気をきれいにする能力があるという結論を出しました。この有害な空気ときれいな空気とは、後に二酸化炭素と酸素だと分かりました。

　インゲンホウスはプリーストリーの実験を発展させ、ネズミと植物を入れたガラス容器を1つは光が当たる場所に、もう1つは光が全く当たらない場所に置きました。実験の結果、光が当たるところのガラス容器のネズミだけが生きているのを見て、植物は光を受けると生物を生存させる気体（酸素）を発生させ、一方で光がない場合には二酸化炭素を排出することが分かりました。これは光合成と呼吸のことで、彼の研究は後に光合成の仕組みを解明する重要なきっかけになったのです。

昼間は光エネルギーを受けて光合成と呼吸が行われる。

光エネルギーのない夜には呼吸だけが行われる。

リレー式実験クイズ対決

実験対決　理科実験室❸　生活の中の科学

生活の中にある植物

　植物は、地球環境の保全に欠かせないものです。ほぼ全ての動物は植物が光合成で作る酸素で呼吸していますし、多くの動物が植物を食料にして生きています。人間もやはり植物のおかげで呼吸して、穀物や野菜、果物を食べて生きています。この他にも、植物は生活の様々な場面で利用されています。

病気の治療

　人類は古くから病気の治療に植物を利用してきました。ジギタリスの葉は心臓病や高血圧などに効果があると分かり、心臓を安静な状態にしてくれる強心剤として利用されてきました。また、アスピリンの成分が含まれている柳の樹皮は、熱を下げ炎症を抑える薬として使われてきました。他にも華麗な花で人々を惹きつけるケシは、実の中にモルヒネ成分があり、苦痛を和らげる鎮痛剤として治療にも使われてきました。これら以外にも茅、松、棗、銀杏、杏といった植物の種や実も病気の治療に利用されています。

ジギタリス　葉に含まれるジギトキシンとジゴキシン成分が心臓病に効果がある。

生地

　植物は昔から生地の原料として使われており、木綿や麻などがその代表です。紀元前3000年頃、インダス文明で木綿の綿毛を使って作り始められた綿繊維は、肌触りがよく、水分をよく吸収するので、衣服だけでなく寝具などにも使われています。また、麻の茎や皮から作った繊維は通気性がよく涼しいので、夏用の衣服などに使われています。

木綿　木綿の実である蒴果が成熟すると割れて白い綿毛が現れる。

ゴム

自動車のタイヤや蛇口に付けるホースなど、ゴム製品には様々なものがありますが、その一部はゴムの木から作られています。力を加えて押すと広がり、力を緩めるとまた元の形に戻るゴムの特性は、産業の発達と共にいろいろな部品に使われてきました。現在では天然ゴムだけでなく、その弾性と強度を真似て作った合成ゴムまで広く使われています。

ゴム 天然ゴムはゴムの木から樹液を集めて作る。

紙

皆さんが今見ている本やノートなどを作っている紙もまた、植物から作られたものです。古代エジプトでは、パピルスという植物の茎を編んで作った紙が使われていましたが、紀元前105年に中国の蔡倫が木の皮や麻などを煮て平らにして乾かした最初の紙を発明しました。その後18世紀に入ると、ヨーロッパでは木から紙を作る研究が本格的に始まり、巨大な製紙工場で紙を作るようになりました。現在、私たちがいつでも手軽に本を買って読めるのも、字を書けるのも、みんな木からできた紙のおかげなのです。

1. 伐採 紙を作るために木を切る。
2. 乾燥 木の皮を剥いで一定期間乾燥させる。
3. 粉砕 木を粉砕機に入れて紙の原料を作る。
4. パルプ製造 お粥のようになった原料を化学処理して繊維（パルプ）にする。
5. 製紙 パルプを圧着し乾燥させてから、様々な紙を製造する。
6. 製品 紙を使って本などの製品を作る。

紙を製造する過程

黒い影の正体

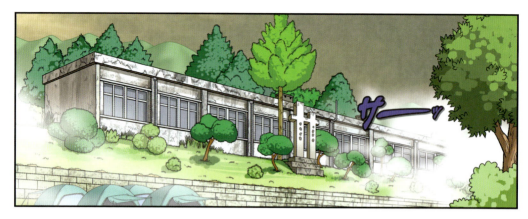

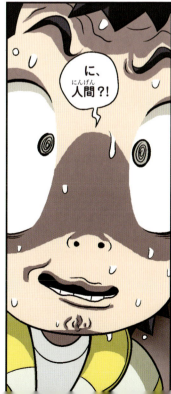

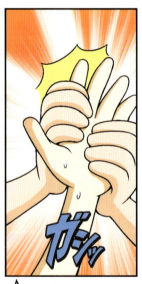

実験対決　理科実験室❹　理科室で実験

植物の茎の断面を観察

実験報告書

実験テーマ
バラの茎とユリの茎の断面の構造を観察して、双子葉類と単子葉類の茎の違いを調べます。

準備する物
❶顕微鏡　❷蒸留水　❸赤いポスターカラー
❹三角フラスコ　❺スポイト　❻ピンセット　❼カミソリ
❽スライドガラス2枚　❾カバーガラス2枚
❿バラの茎（または他の双子葉類の茎）
⓫ユリの茎（または他の単子葉類の茎）　⓬アクリル板

実験予想
双子葉類のバラの茎と単子葉類のユリの茎の断面は、何か違いがあると思います。

注意事項
❶カミソリを使う時は、手を切らないように注意します。
❷カバーガラスを被せる時は、空気が入らないように一方から静かに被せます。

実験

❶ 赤いポスターカラーを溶かした水に、バラの茎とユリの茎を入れて3時間ほど色付けします。

❷ 色付いたバラとユリの茎をカミソリで薄い輪切りにします。

❸ スライドガラスの上に茎の輪切りをそれぞれ1枚ずつ載せて、スポイトで蒸留水を1滴垂らしておきます。

❹ ピンセットで静かにカバーガラスを被せて、プレパラートを作ります。

❺ 2つの茎の断面のプレパラートを、順番に顕微鏡に載せて観察します。

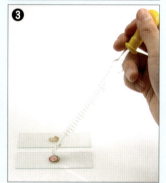

実験対決　理科実験室❹　理科室で実験

観察結果

双子葉類であるバラの茎の維管束は、表皮の内側に輪のように規則的に並んでいますが、単子葉類であるユリの茎の維管束は茎全体に不規則に散らばっています。

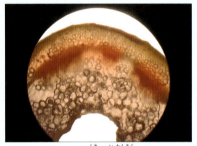
バラの茎の維管束

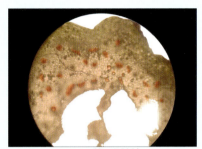
ユリの茎の維管束

どうしてそうなるの？

植物の茎には、根で吸収した水が通る道管と葉で作った養分が通る師管があります。この道管と師管がいくつか集まったものを維管束と呼びます。双子葉類でも単子葉類でも、どんな茎にもこのような維管束がありますが、双子葉類には他にも、単子葉類にない形成層があります。

形成層は道管と師管の間にある分裂組織で、細胞分裂を起こして茎を太くする働きがあります。双子葉類の維管束はこの形成層に沿って丸く一定の間隔で並んでいますが、形成層のない単子葉植物の維管束は不規則に散らばっています。

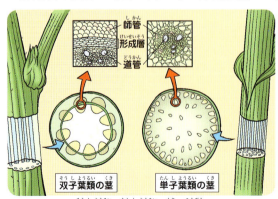
双子葉類と単子葉類の茎の構造

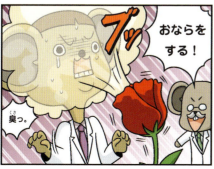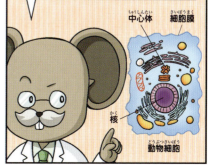

ミツバチの大襲撃

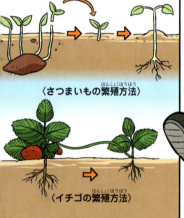

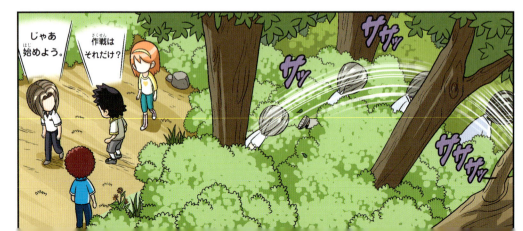

猛禽類：鷹、フクロウ、ミミズクのように鋭いくちばしと爪を持つ肉食の鳥。

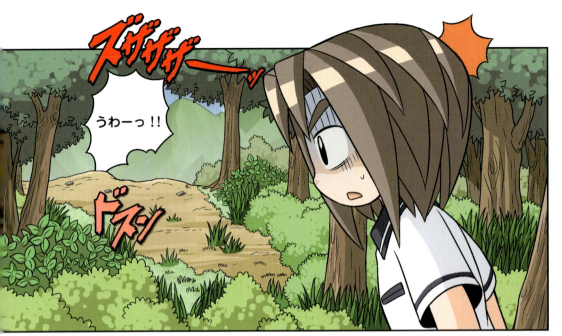

植物の構造と機能

植物は動物のように自由に移動できないので、自分で養分を作らなければなりません。植物はそれに適した構造を備えており、植物を構成する葉、茎、根はそれぞれ成長に必要な役割を担っています。

葉の構造と機能

葉は主に葉身、葉柄、托葉の3つでできていて、ほとんどの植物は葉身が葉柄によって茎とつながっています。また、葉の表面には人間の目には見えない小さな穴が無数に空いており、これを気孔と言います。葉では、葉緑体で光エネルギーを受けて養分（ブドウ糖）を作る光合成、酸素を受け取って二酸化炭素を出す呼吸、体内の水分を空気中に出す蒸散を行っています。

光合成 光エネルギーを受けた葉緑体が水と二酸化炭素を使って、植物が生きるのに必要なブドウ糖と酸素を作り出す過程のことです。光が強いほど養分や酸素がたくさん作られ、光がない夜には行われません。また、温度にも影響を受け、35度前後が最も活発に光合成が行われます。

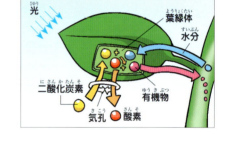

呼吸 植物も動物と同じように、1日中呼吸をしています。呼吸は、酸素を使って養分を酸化させてエネルギーを得る過程のことで、この時に植物は酸素を取り入れて二酸化炭素を排出しています。昼間は呼吸よりも光合成が活発に行われ、夜には呼吸だけが行われます。

蒸散 根で吸収された水分が茎の道管を通って葉まで届くと、葉の裏側にある気孔から水蒸気の状態で出て行く現象のことです。光合成に必要な水分が根から葉に送られて来て、残った水分が蒸散する時に内部の熱を一緒に放出するので、温度調節の役割もしています。

茎の構造と機能

　植物の茎は主に、表皮、皮層、維管束で構成されています。表皮は植物の外側を覆っていて水分の蒸発を防ぎ、表皮と維管束の間にある皮層には植物の成長に必要な様々な器官があります。維管束は水分が通る道管と養分が通る師管に分かれていて、双子葉類には道管と師管の間に形成層があります。茎には水分と養分を移動させる通路の役割と、葉や花を支える役割があり、じゃがいもや玉ねぎなど一部の植物では養分を貯蔵する役割も果たします。また、皮層にある黒い斑点のような皮目では呼吸も行っています。

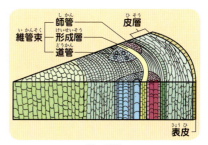

茎の構造

根の構造と機能

　植物の根は主に、土の中の養分を吸収する根毛、細胞分裂して根を伸ばす成長点、成長点を覆う根冠で構成されています。根は地中で茎を支える役割、養分を貯蔵する役割、土の中の水分や養分を吸い上げる役割があります。根が土の中の水分と養分を吸い上げられるのは、「濃度が低い溶液は濃度が高い溶液の方へ移動する」という浸透現象によるものです。根の内部の濃度が土の中の濃度より高いので、水分が道管まで伝わるのです。

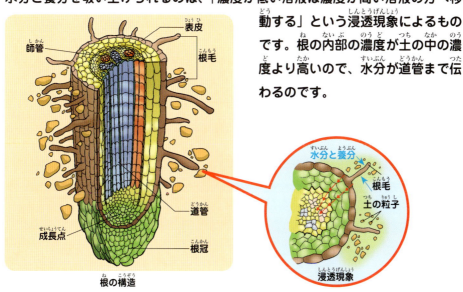

根の構造

実験対決　理科実験室❺　実験王豆知識

花の受粉と受精

　花は種子を作り子孫を繁殖させる生殖器官で、種子植物だけに見られる器官です。植物は普通、花の中の雌しべと雄しべが出合って実を結び、実の中の種子が芽を出してまた花を咲かせるという過程を繰り返して繁殖します。

花の構造

　花は基本的に、雌しべ、雄しべ、花弁、萼で構成されています。花の中央にある雌しべは柱頭、花柱、子房からできていて、柱頭は花粉が付きやすいようにベトベトしており、子房の中には胚珠が入っています。雄しべは、やくと花糸でできていて、やくの中にはたくさんの花粉が入っています。花弁は雌しべと雄しべを保護し、受粉が行われるように昆虫や鳥を惹きつけます。萼は花弁の外側にあって、花全体を支えています。

花の構造

花の分類

花の構造	あるもの	花弁、萼、雌しべ、雄しべの4つの器官を持つ花。	桜、菊
	ないもの	花弁のない花。	稲、小麦
		萼のない花。	チューリップ、菖蒲
		雌しべや雄しべのない花。	キュウリ、カボチャ
花弁の形	合弁花	花弁がくっ付いている花。	アサガオ、レンギョウ
	離弁花	花弁が1枚1枚分かれている花。	木蓮、コスモス
雌しべと雄しべ	両性花	1つの花の中に雌しべと雄しべが揃っている花。	梅、ユリ
	単性花	雌しべか雄しべのどちらか1つしかない花。	イラクサ
花粉が運ばれる方法	虫媒花	花粉が昆虫によって運ばれる花。	タンポポ、レンギョウ
	風媒花	花粉が風によって運ばれる花。	松
	水媒花	水中で育つ植物で、花粉が水によって運ばれる花。	睡蓮、黒藻
	鳥媒花	花粉が鳥によって運ばれる花。	パイナップル、バナナ

受粉と受精

　花が実を結ぶためには、受粉と受精が行われなければなりません。受粉とは風や昆虫、鳥などによって雄しべの花粉が雌しべの柱頭に付くことで、受精は柱頭に付いた花粉が花柱の中を通って子房の中の胚珠と結合することです。こうして受精が行われると、子房は果実へと成長し胚珠は種子になります。

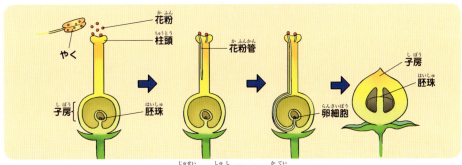

受精して種子ができる過程

果実の構造と種類

　果実は花の種子とそれを取り囲んでいる果皮でできています。果実には、種子ができるとそれを囲む子房も成長して果実になる真果と、子房以外の萼や花軸などが成長して果実になる偽果があります。

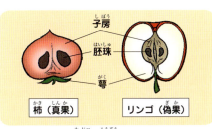

果実の構造

種子の構造

　種子は胚珠が成長したもので、胚と胚乳でできています。胚は、葉や茎、根など全ての器官に成長する若い植物体で、胚乳は胚に必要な養分を供給する場所です。豆のように胚乳がない植物は、子葉に養分を貯蔵しています。

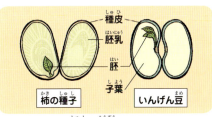

種子の構造

⑱ 植物の対決

2015年 1 月30日　第 1 刷発行
2019年12月30日　第 5 刷発行

著　者　文　ゴムドリCO.／絵　洪鐘賢（ホンジョンヒョン）
発行者　橋田真琴
発行所　朝日新聞出版
　　　　〒104-8011
　　　　東京都中央区築地5-3-2
　　　　編集　生活・文化編集部
　　　　電話　03-5541-8833（編集）
　　　　　　　03-5540-7793（販売）

印刷所　株式会社リーブルテック
ISBN978-4-02-331364-4
定価はカバーに表示してあります

落丁・乱丁の場合は弊社業務部（03-5540-7800）へ
ご連絡ください。送料弊社負担にてお取り替えいたします。

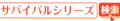

Translation：HANA Press Inc.
Japanese Edition Producer：Satoshi Ikeda
Special Thanks：Lee Young-Ho / Park Hyun-Mi
　　　　　　　　Kim Eun-Mi（Mirae N Co.,Ltd.）

サバイバル
公式サイトも
見に来てね！
楽しい動画もあるよ
サバイバルシリーズ　検索

サバイバルシリーズ ファンクラブ通信

おたより大募集
ゆうびんもメールもドシドシ！

ファンクラブ通信は、サバイバルの公式サイトでも読めるよ！

みんなからのお手紙、楽しみにしてるよ～♪

読者のみんなとの交流の場、「ファンクラブ通信」が誕生したよ！クイズに答えたり、似顔絵などの投稿コーナーに応募したりして、楽しんでね。「ファンクラブ通信」は、サバイバルシリーズ、対決シリーズの新刊に、はさんであるよ。書店で本を買ったときに、探してみてね！

おたよりコーナー ❶
ジオ編集長からの挑戦状
『○○のサバイバル』を作ろう！

みんなが読んでみたい、サバイバルのテーマとその内容を教えてね。もしかしたら、次回作に採用されるかも!?

例：冷蔵庫のサバイバル
何かが原因で、ジオたちが小さくなってしまい、知らぬ間に冷蔵庫の中に入れられてしまう。無事に出られるのか!?（9歳・女子）

おたよりコーナー ❷
キミのイチオシは、どの本！?
サバイバル、応援メッセージ

キミが好きなサバイバル1冊と、その理由を教えてね。みんなからのアツ～い応援メッセージ、待ってるよ～！

例：鳥のサバイバル
ジオとピピの関係性が、コミカルですごく好きです!!サバイバルシリーズは、鳥や人体など、いろいろな知識がついてすごくうれしいです。（10歳・男子）

おたよりコーナー ❸
ピピが審査員長！**2コマであそぼ**

お題となるマンガの1コマ目を見て、2コマ目を考えてみてね。みんなのギャグセンスが試されるゾ！

例：お題
井戸に落ちたジオ。なんとかわい出た先は!?
地下だったはずが、なぜか空の上!?

おたよりコーナー ❹
ケイ館長のサバイバル美術館

みんなが描いた似顔絵を、ケイが選んで美術館で紹介するよ。

例：上手い！

みんなのおたより、大募集！

❶ コーナー名とその内容
❷ 郵便番号
❸ 住所
❹ 名前
❺ 学年と年齢
❻ 電話番号
❼ 掲載時のペンネーム（本名でも可）

を書いて、右記の宛て先に送ってね。掲載された人には、サバイバル特製グッズをプレゼント！

● 郵送の場合
〒104-8011 朝日新聞出版　生活・文化編集部
サバイバルシリーズ　ファンクラブ通信係

● メールの場合
junior@asahi.com
件名に「サバイバルシリーズ　ファンクラブ通信」と書いてね。

※応募作品はお返ししません。※お便りの内容は一部、編集部で改稿している場合がございます。

ファンクラブ通信は、サバイバルの公式サイトでも見ることができるよ。

[サバイバルシリーズ] 検索

本の感想や実験メモを書いておこう。